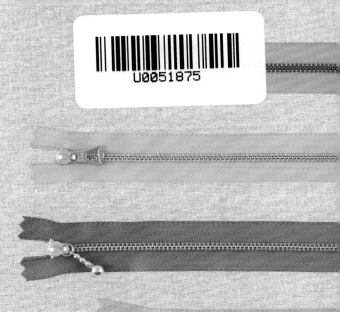

Zipper bags

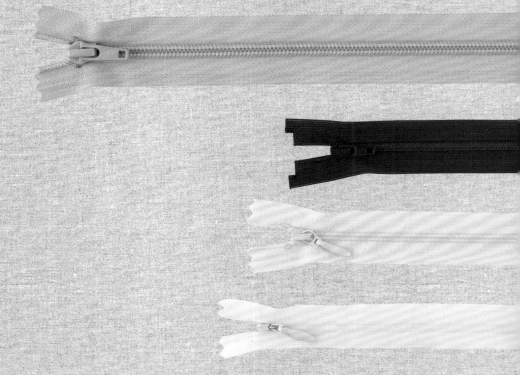

Zipper bags

第一次 學會縫拉鍊作布包

27 款手作包×布小物・FOR 新手の布作小練習

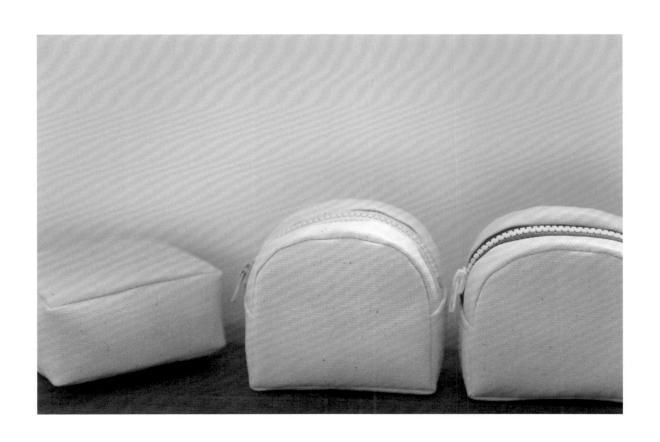

水 野佳子
Yoshiko Mizuno

縫接拉鍊常常讓人覺得困難而且麻煩，

但難道就因此放棄作出一個耐用的作品嗎？

本書除了教您製作包包與收納小袋，

並詳細講解拉鍊的縫法。

若能善用這些方法，將手邊的包款變成附有拉鍊的樣式，

並以拉鍊的配色來發揮設計巧思，

就能使製作過程更有樂趣，

身為作者的我將會非常開心。

如果找到自己喜歡的拉鍊，

試著去思考該如何利用它創作，也是相當有趣的事喔！

那麼，就讓我們一起開始動手作吧！

只要簡單的幾個步驟，就可以作出愛用包款嘍！

東西掉出來了!!

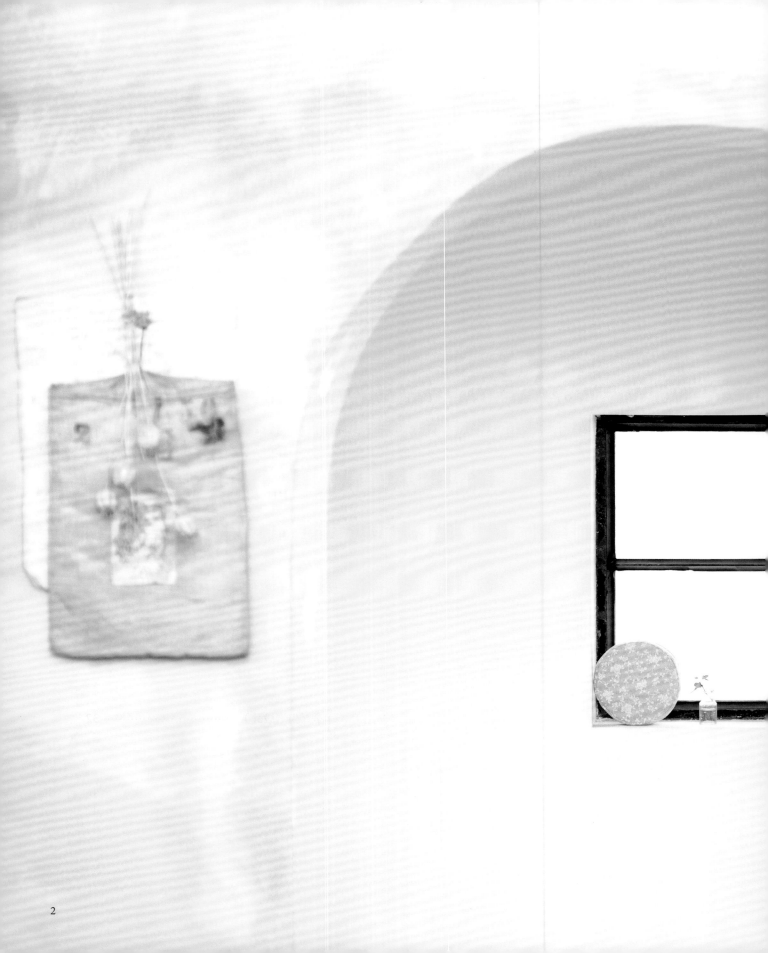

Contents

內附紙型

手作包

圓形手提袋 ···························· 4
方形手提袋 ···························· 5
迷你手提袋 a ·························· 6
迷你手提袋 b ·························· 7
斜背包 a ······························ 8
斜背包 b ······························ 9
圓筒包 ······························· 10
皺褶圓筒包 ··························· 11
迷你保齡球包 ························· 12
波士頓包 ····························· 13
托特包 ······························· 14
扁平斜背包 ··························· 15
Lesson1 一起來作托特包 ············· 16

布小物

化妝包 ······························· 20
圓形化妝包 ··························· 21
迷你收納包 ··························· 22
收納包 a ····························· 24
收納包 b・c ·························· 25
L 形開口收納包 ······················ 26
扁平收納包 a・b ····················· 27
梯形收納包 ··························· 28
立體三角形收納包 a・b ··············· 29
L 形開口零錢包 a・b ················· 30
L 形開口收納夾 ······················ 31
筆袋（有底設計） ····················· 32
筆袋（無底設計） ····················· 32
Lesson2 一起來作收納包 a ··········· 33
Lesson3 一起來作扁平收納包 a ········ 36
Lesson4 一起來作立體三角形收納包 a ··· 38
　　　　收納包 b・c 作法 ············· 40
拉鍊基礎筆記 ························· 41
How to make ························· 47

圓形手提袋

宛如帽盒的圓形手提袋，外型小巧精緻。
加上拉鍊後，
更增添了這款手提包的設計重點。

How to make/P.50
紙型1面〔1〕

方形手提袋

四方形的拼接設計，再加上附有拉鍊的口袋，
這是一個帶點變化，又能體驗製作多個口袋樂趣的包款。

How to make/P.52
紙型1面〔2〕

迷你手提袋 a

丹寧布材質的單提把手提袋。
包包開口內側附有大型壓釦,
口袋部分則加上
有著可愛吊飾的拉鍊。

How to make/P.54
紙型1面［3］

迷你手提袋 b

將迷你手提袋a省略側底部分，
以仿皮布料製成的時尚包款。
包包開口內側附有磁鈕，
前方口袋處則配上施華洛世奇水晶拉鍊。

How to make/P.54
紙型1面［4］

斜背包 a

尼龍鋪棉材質配上白色大型拉鍊,
使這款包包更加吸引目光。
收納容量頗大,適合搭配休閒風穿搭使用。

How to make/P.58
紙型1面〔5〕

斜背包 b

版型與a款相同，
選擇柔軟的棉布材質製作，
再搭配一般尺寸的拉鍊，
使包包呈現另一種風貌，
不妨多多嘗試不同布料製作吧！

How to make/P.58
紙型1面［6］

圓筒包

這款尺寸小巧的圓筒包，
不僅可以手提，也可以變成斜背包。
鋪棉材質的觸感柔軟又舒服。

How to make/P.51
紙型1面 [7]

10

皺褶圓筒包

兩側的打褶設計，使包身呈現一點皺皺的感覺。
由於尺寸小巧，所以選擇隱形拉鍊製作，
讓包包顯得更加俐落。

How to make/P.60
紙型1面 [8]

迷你保齡球包

黃色滾邊與棕色提把將整個包包凝縮為一體，
尺寸雖小，卻極具存在感。
拉鍊襠片呼應提把，使整體風格更為一致。

How to make/P.48
紙型1面〔9〕

波士頓包

以防水布料製成的波士頓包，
即使下雨天帶出門也不怕。
袋身前面附有具厚度的口袋，
收納力超強。

How to make/P.56
紙型2面〔10〕

13

托特包

以尼龍鋪棉材質製成，
輕盈且耐用的包款。
為了加強隱密性，
開口處縫接與底部等寬的拉鍊口布。

How to make/P.16

扁平斜背包

可以隨意變換背帶位置的兩用斜背包，
就連開口也有兩個。
開口處縫接的印花拉鍊，也是設計的一部分。

How to make/P.61
紙型2面 [11]

Lesson1 一起來作托特包

材料準備
- 尼龍鋪棉布
  110cm×50cm
- 樹脂拉鍊
  40cm（4・含上下止點）1條

※無紙型

P.14作品

---

1 裁剪各部位布片

本體2片、袋口貼邊2片、拉鍊口布2片、提把布2片、吊耳1片

2 收縫布邊

為防止鋪棉布本身的縫線脫落，將布片的裁切邊以鋸齒縫或拷克車縫收邊。

3 將口布縫接上拉鍊

0.7

① 將拉鍊口布的兩端各自對摺，車縫。

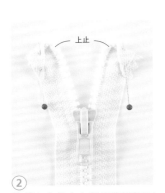

上止

② 拉鍊上方的上止部分帶子往下摺。

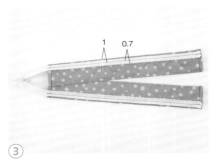

1   0.7

③ 將口布與拉鍊正面相對後縫合。

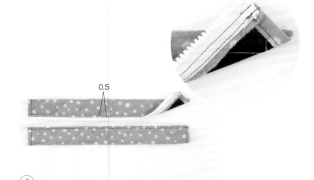

0.5

④ 將縫份摺往口布這一側，從正面車縫固定。

16

裁布圖

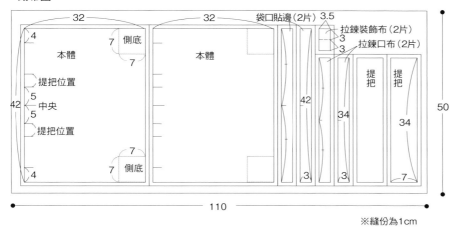

32

32

袋口貼邊（2片） 3.5

4

7 側底

7

拉鍊裝飾布（2片）

3

拉鍊口布（2片）

3

本體

本體

提把位置

5

中央

5

提把位置

提把

提把

42

42

34

34

50

7 側底

4

7

3

3

7

110

※縫份為1cm

※直線部分需與布料的
　縱向或橫向平行地裁剪

---

4 縫合拉鍊口布與袋口貼邊

① 將袋口貼邊正面相對後縫合成環形，並裁掉縫份。

② 將拉鍊口布對準袋口貼邊上的口布中央點位置記號，接著將兩者正面相對後縫合。

③ 將縫份摺向袋口貼邊，從正面以環繞方式壓邊車縫。

0.5

---

5 縫上拉鍊裝飾布

① ② ③ ④ ⑤

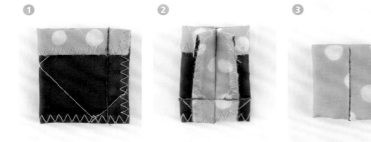

①完成單邊的縫份後反摺，接著正面相對後縫合。 ②攤開縫份，將縫合處移往中央，再車縫。 ③翻回正面。 ④將拉鍊一端放入拉鍊裝飾布中。
⑤車縫固定拉鍊裝飾布。

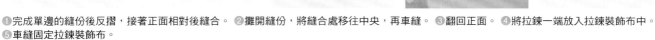

6 製作本體

① 8 ⎵ 8

將兩片本體布正面相對後,車縫底部。由於在縫好側邊部分後還有裁剪步驟,所以先於邊緣往內8cm處回縫3至4針。

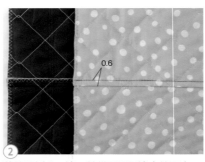

0.6

② 將縫份倒向一邊,並從正面壓邊車縫固定。

7 ⎵ 7

③ 正面相對後縫合兩脇邊。與底部相同,於邊緣往內7cm處先回縫3至4針,縫份倒向一邊。

④ 脇邊與底部縫線對齊後,將兩底部摺出尖角,並縫合側邊。

⑤ 留下1cm縫份,並剪下多餘的部分,再以鋸齒縫或拷克收邊。

7 製作提把

對摺

① 將提把正面相對後對摺並縫合。

② 翻回正面。

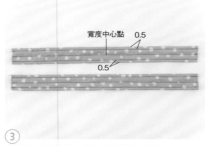

寬度中心點 0.5
0.5

③ 車縫出3條縫線,另一條提把亦同。

8 袋口處的收邊

① 先將提把暫時固定於本體袋口處。

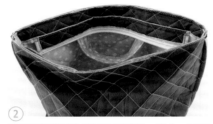

② 將本體的袋口貼邊正面相對後，縫合，同時拉開拉鍊。

③ 翻回正面。

0.5
1

④ 將袋口壓邊車縫出兩條縫線。

拉上拉鍊後，從上方俯視的樣子。

\ 完成 /

長32cm×寬28cm×底14cm

化妝包

高雅的織紋圖案，搭配隱形拉鍊，
使這款化妝包展現清透細緻的印象。
為了便於使用，特意將側邊厚度與拉鍊口布設計得比較寬。

How to make/P.62
紙型2面［12］

圓形化妝包

沿著圓形弧線縫接的蕾絲雙開式拉鍊，
與化妝包本體的花朵圖紋，
交融出優質的印象感。

How to make/P.63
紙型2面［13］

迷你收納包

以多色彩拉鍊玩變化的迷你收納包，
尺寸只有手掌大小，
相當可愛輕巧。

How to make/P.64
紙型2面［14］

收納包 a

以與布料同色系的拉鍊製作，
可用來放置隨身物品，
作為包包內的收納小包。

How to make/P.33
紙型2面 ［15］

收納包 b・c

將收納包a的拉鍊換成蕾絲拉鍊,
c款的側邊加寬。
多嘗試在布料與拉鍊顏色上作變化,
享受手作的創意樂趣吧!

How to make/P.40
紙型2面 [16]・[17]

L形開口收納包

配色用的蕾絲拉鍊，
是這款收納包的設計重點。
蕾絲的拉鍊邊增添了側邊的裝飾性。

How to make/P.65
紙型2面［18］

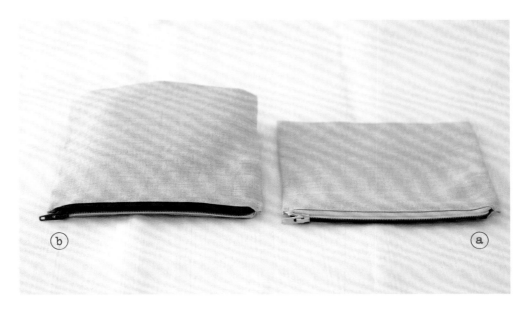

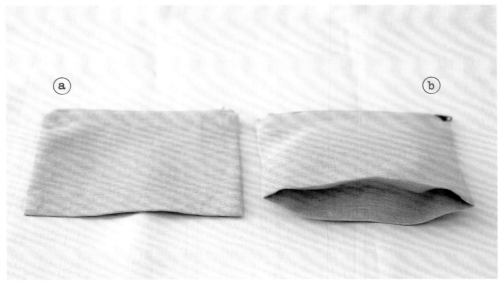

扁平收納包 a・b

只需一片四方形布料即可完成，
製作步驟超簡單的收納包。
b款在底部摺出厚度作變化，
開口拉鍊可以隨意組合變換。

How to make/a⋯P.36・b⋯P.66

梯形收納包

將兩片正方形的布料縫合在一起，
車縫底部作出厚度，讓收納包呈現立體狀即完成。
選用紅色拉鍊製作，使整體印象多了層次感。

How to make/P.66

立體三角形收納包 a・b

將兩邊各自錯開縫合，
作出立體三角形狀。
b款以印花拉鍊製作，增加設計感。

How to make/a⋯P.38・b⋯P.67

L形開口零錢包 a．b

a款以大型印花圖案的棉布製作，內附暗袋，
b款則以合成皮革搭配金屬拉鍊。
只要在布料與拉鍊上組合變化，就能輕鬆享受設計樂趣呢！

How to make/P.68
紙型2面〔19〕

L形開口收納夾

將零錢包尺寸變為橫長形，
內附有暗袋的收納夾。
因為是可以放入紙鈔的尺寸，所以也能用來當作長夾。

How to make/P.69
紙型2面 [20]

筆袋（有底設計）

尺寸不大卻有著足以收納
許多文具厚度的筆袋，
將有防水鍍膜那面作為內面，
就能避免墨水不小心滲漏。

How to make/P.70
紙型2面〔21〕

筆袋（無底設計）

無底設計的扁平式筆袋，
同樣使用防水鍍膜加工的布料製成，
配以隱形拉鍊
呈現出優雅的感覺。

How to make/P.71
紙型2面〔22〕

一起來作收納包a

P.24作品

裁布圖

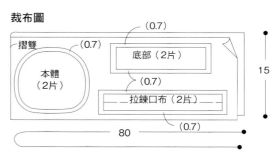

摺雙
本體
（2片）
底部（2片）
拉鍊口布（2片）
（0.7）
（0.7）
（0.7）
（0.7）
15
80

※（ ）內的數字為縫份，除了指定之外，其餘縫份皆為1cm。
※ 底部部分需與布料的縱向或橫向平行裁剪。

材料準備

・雙面棉紗布
　80cm×15cm
・線圈式拉鍊
　20cm（Flatknit、含上下止點）1條

※紙型2面［15］

1 裁剪各部位布片

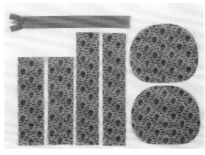

本體 2片、
拉鍊口布 2片、
底布 2片

---

2 將拉鍊縫接於拉鍊口布上

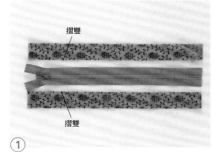

摺雙

摺雙

① 將拉鍊口布反面相對對摺。

0.5

② 將對摺的口布以珠針固定於從拉鍊邊中央往
外側0.5cm的位置上。

③ 先換成單邊壓布腳，從對摺這端往外0.2cm處開始車縫。

④ 因為要緩緩往前縫，所以先拉上拉鍊，並避開拉鍊頭，再以錐子壓住拉鍊口布輔助車縫，這樣一來就不容易歪斜。

⑤ 另一側也以相同方式車縫完成。

3 縫合拉鍊口布與底部

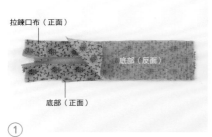

拉鍊口布（正面）

底部（反面）

底部（正面）

① 將2片底部正面相對，並把拉鍊口布夾在中間後縫合。

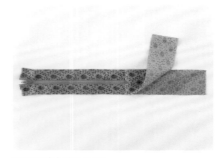

如圖將底部翻回正面。

② 另一邊則將拉鍊口布夾入底部中，再縫合成環形。

③ 將底部翻回正面。

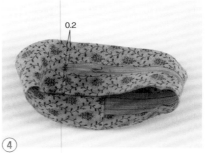

0.2

④ 車縫底部邊緣。

4 縫合本體與底部即完成

① 將本體與底部正面相對，並對準位置標記後縫合，拉開拉鍊備用。

② 另一邊以相同方式縫合。

③ 縫份部分：3片一起以鋸齒縫或拷克收邊。

④ 翻回正面。

\ 完成 /

長10.5cm×寬12cm×底4cm

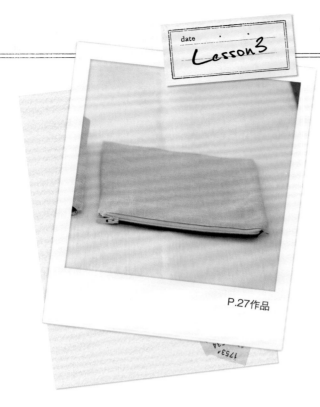

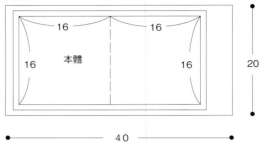

一起來作扁平收納包a

裁布圖

本體

16　　16

16　　　　　　16

20

40

※縫份為 1cm
※直線部分需與布料縱向或橫向平行地裁剪

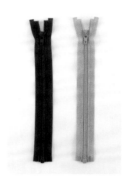

碼裝拉鍊的變化樂趣

將兩條不同顏色的碼裝拉鍊分別調換一邊，就變成
兩條左右顏色不一樣的雙色拉鍊。由於左右兩邊能
各別拆下組合，讓拉鍊有了多變的樣貌！

P.27作品

材料準備

· 法國亞麻布
　20cm×40cm
　（製作過程說明使用的是棉布）
· 線圈式拉鍊
　20cm（3·碼裝）1條
※無紙型

---

1 裁剪

2 車縫裁剪端完成收邊
以鋸齒縫車縫或拷克裁剪端。

3 縫接拉鍊

① 將縫接拉鍊那一側的布片先行摺起。

4 縫合兩脇邊並完成收尾作業

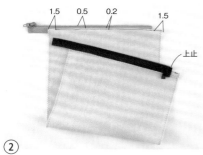

1.5　0.5　0.2　　1.5

上止

②
摺起上止部分的拉鍊布邊，將拉鍊中央往外0.5cm的位置與本體摺起那端對齊，兩端各留1.5cm之後再分別縫合。
（請參考 P.38-3 ②）

①
將本體正面相對之後，縫合兩脇邊。

②
翻回正面。

③
拉上碼裝拉鍊，拉住拉鍊頭，將下止部分收進內側，將拉鍊間的空隙以手縫收尾。
（請參考 P.39）

\ 完成 /

長16cm×寬16cm

一起來作立體三角形收納包a

Lesson 4

P.29作品

材料準備

・法國亞麻布
　20cm×40cm
（製作過程說明使用的是棉布）
・拉鍊
・20cm（含上下止點）1條

※無紙型

裁布圖

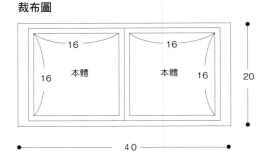

※縫份為 1cm
※直線部分需與布料縱向或橫向平行地裁剪

---

1 裁剪各部位布片

本體　2片

2 車縫裁剪端完成收邊

以鋸齒縫或拷克車縫裁剪端。

---

3 縫接拉鍊

① 將縫接拉鍊那側的布片先行摺起。

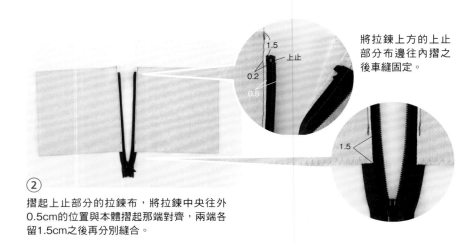

② 摺起上止部分的拉鍊布，將拉鍊中央往外0.5cm的位置與本體摺起那端對齊，兩端各留1.5cm之後再分別縫合。

將拉鍊上方的上止部分布邊往內摺之後車縫固定。

38

4 縫合兩脇邊與底部並完成收尾作業

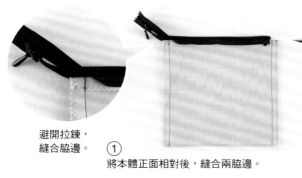

避開拉鍊，
縫合脇邊。

避開拉鍊，縫合脇邊。

① 將本體正面相對後，縫合兩脇邊。

② 將脇邊縫線移為中央線，並將底部對齊後縫合。拉開拉鍊備用。

③ 翻回正面。

④ 將拉鍊拉頭拉至脇邊處。

完成

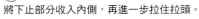

⑤ 將下止部分收入內側，再進一步拉住拉頭。

⑥ 以手縫固定拉鍊端點的空隙。

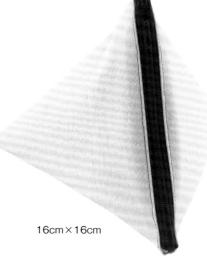

16cm×16cm

收納包 b

材料準備

・棉麻混紡布
　80cm×15cm
・拉鍊
　20cm（含上下止點）1條

※紙型2面 ［16］

P.25作品

裁布圖

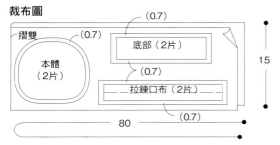

※（　）內的數字為縫份，除了指定之外，其餘縫份皆為1cm。
※ 底部部分需與布料的縱向或橫向平行裁剪。

拉鍊的縫法

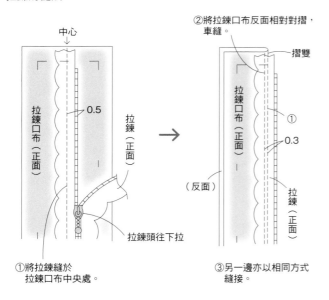

※其他的拉鍊縫接方式請參考P.33
　完成尺寸：長10.5cm×寬12cm×底4cm

收納包 c

材料準備

・棉布
　80cm×15cm
・蕾絲拉鍊
　20cm（含上下止點）1條

※紙型2面 ［17］

P.25作品

裁布圖

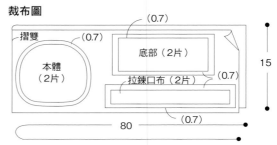

※（　）內的數字為縫份，除了指定之外，其餘縫份皆為1cm。
※ 底部部分需與布料的縱向或橫向平行裁剪。

拉鍊的縫法

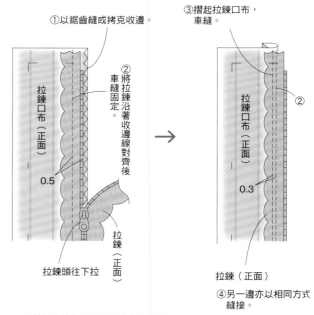

※其他的拉鍊縫接方式請參考P.33
　完成尺寸：長10.5cm×寬12cm×底6cm

拉鍊基礎筆記

雖然拉鍊的種類非常多樣化,但縫法卻意外地簡單。
就讓我們一起來輕鬆學習兼具實用性與設計感的拉鍊縫法吧!

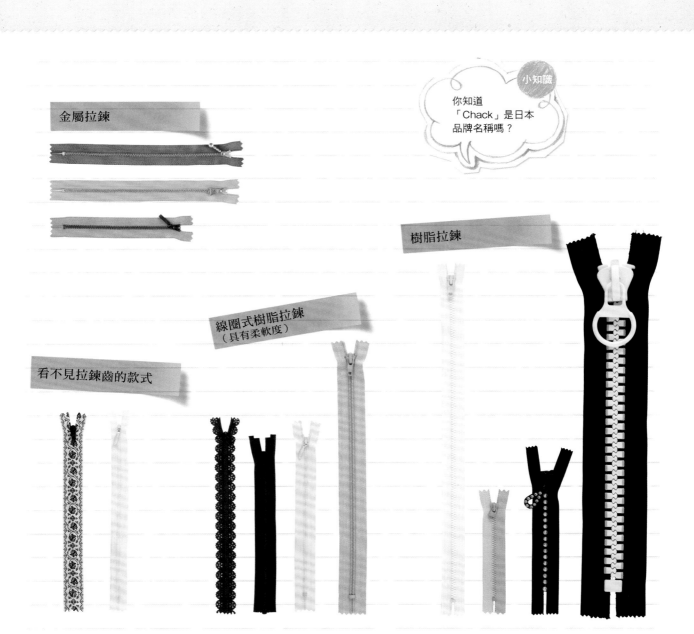

金屬拉鍊

樹脂拉鍊

線圈式樹脂拉鍊
(具有柔軟度)

看不見拉鍊齒的款式

小知識

你知道
「Chack」是日本
品牌名稱嗎?

【 拉鍊的構造 】

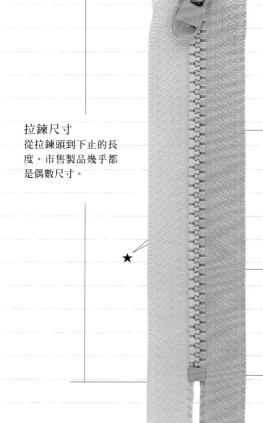

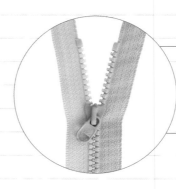

拉鍊頭

上止
拉起拉鍊時，用以防止
拉頭脫落的部分。

拉鍊頭

拉鍊尺寸
從拉鍊頭到下止的長
度。市售製品幾乎都
是偶數尺寸。

拉鍊齒（element）
使拉鍊可滑動及開闔的
構造，具有金屬與樹脂
材質等類型。

各種拉鍊齒與拉鍊頭
金屬拉鍊的拉鍊頭
樣式非常多樣化。

★

拉鍊布邊
材質主要為聚脂纖維。除
了素色系列，也有印花圖
案款式。

在拉鍊頭與拉鍊齒
鑲嵌上施華洛世奇
水晶。

下止
拉開拉鍊的時候，用以防
止拉頭脫落的部分。

隱形拉鍊從表面上
看不到拉鍊齒。

※★依照（拉鍊齒）寬度，拉鍊尺寸以
數字來標示區分。寬度越窄的拉鍊尺
寸數字越小，越寬則越大。在作法說
明的「材料準備」中，（　）內數字
即是尺寸標示。
例如：線圈式拉鍊 20cm（3．含上
下止點）
　　　　　　　↑
　　　　　拉鍊尺寸

下止也有多種樣式

碼裝拉鍊只有下
止，用以防止拉
鍊頭脫落。

隱形拉鍊從表面
看不見下止。

【拉鍊縫法】 拉鍊縫法大略可以分為
「外露拉鍊縫接」與「隱藏拉鍊縫接」兩種。
拉鍊種類與縫線的有無，縫法多少也有些不同。
所以不妨視製作作品的樣式，
選擇最適合的縫法吧！

外露拉鍊縫法

●拉鍊齒外露

☑ 露出車縫線縫接

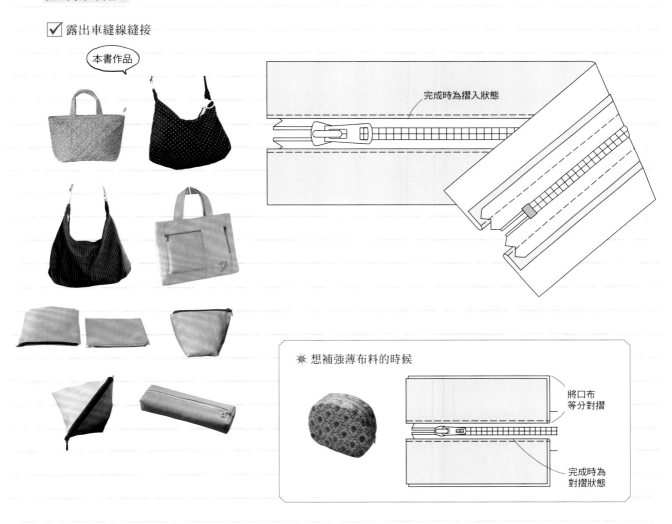

本書作品

完成時為摺入狀態

☀ 想補強薄布料的時候

將口布
等分對摺

完成時為
對摺狀態

☑ 隱藏縫線式縫接

本書作品

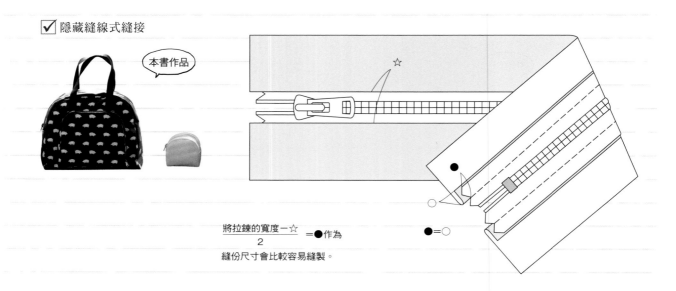

將拉鍊的寬度一☆
─────────────── =●作為
2

縫份尺寸會比較容易縫製。

●=○

☑ 夾入裡布的縫接

本書作品

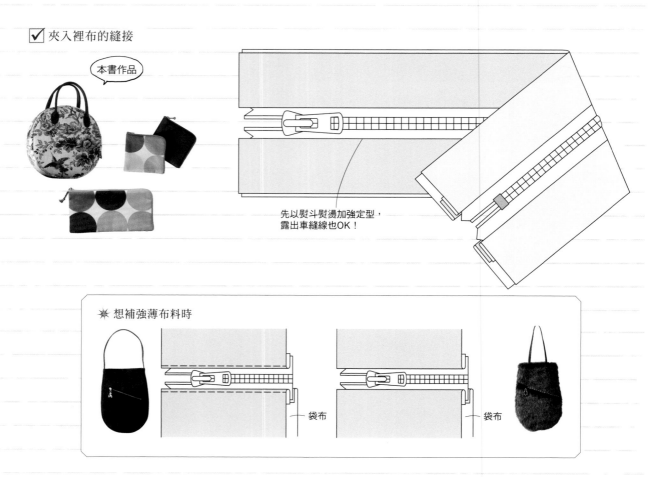

先以熨斗熨燙加強定型，
露出車縫線也OK！

✳ 想補強薄布料時

袋布   袋布

•外露拉鍊口布

✓ 露出車縫線縫接

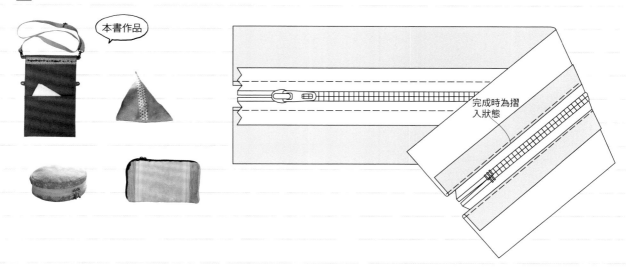

本書作品

完成時為摺入狀態

✓ 隱藏縫線式縫接

本書作品

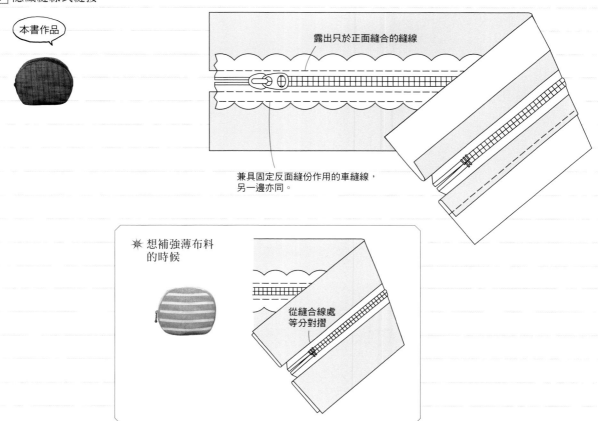

露出只於正面縫合的縫線

兼具固定反面縫份作用的車縫線，
另一邊亦同。

❋ 想補強薄布料
的時候

從縫合線處
等分對摺

隱藏拉鍊縫法

• 貼合隱藏縫接

本書作品

完成時為
摺入狀態

車縫寬度請配合拉鍊尺寸決定。

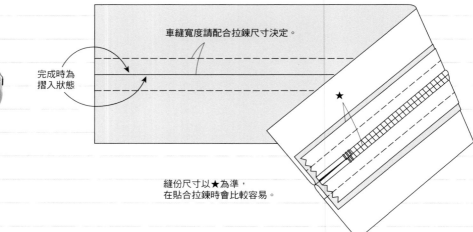

★

縫份尺寸以★為準，
在貼合拉鍊時會比較容易。

• 單邊覆蓋隱藏縫接

本書作品

隱藏方式

車縫接合

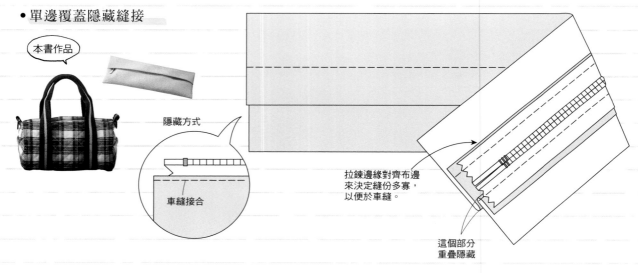

拉鍊邊緣對齊布邊
來決定縫份多寡，
以便於車縫。

這個部分
重疊隱藏

• 使用隱形拉鍊

本書作品

表面看不到車縫線

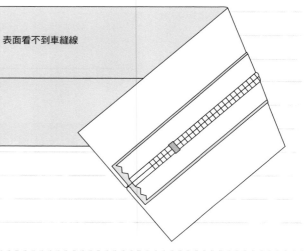

❋ 隱形拉鍊用壓布腳

How to make

·紙型不含縫份。請參考作法頁的裁布圖自行加上縫份。

·部分直線部位不附上紙型。此時，請依裁布圖上尺寸標示外加縫份，
 於布料上畫線裁剪。

·沒有特別說明時，單位皆為cm。

·縫份收邊除了註明出「以包邊條收邊」的部分之外，其他皆以鋸齒縫
 或拷克收邊。

·為了防止針目的縫線鬆脫，起縫與結束皆需進行回針縫。

·「材料準備」項目裡，拉鍊部分的（　　）內數字為拉鍊尺寸。

迷你保齡球包
P.12作品

紙型1面[9]
<1-本體、2-內口袋、3-拉鍊口布、4-底部>

[材料準備] 本體表布、拉鍊口布、底部表布…家飾布料110cm×30cm、本體裡布、內口袋、底部裡布…印花棉布
110cm×25cm、厚布襯110cm×30cm、1.8cm寬對摺包邊條160cm、1cm寬包邊條160cm、線圈
式拉鍊30cm（5・含上下止點）1條、拉鍊片1個、長40cm提把1組

◎裁布圖

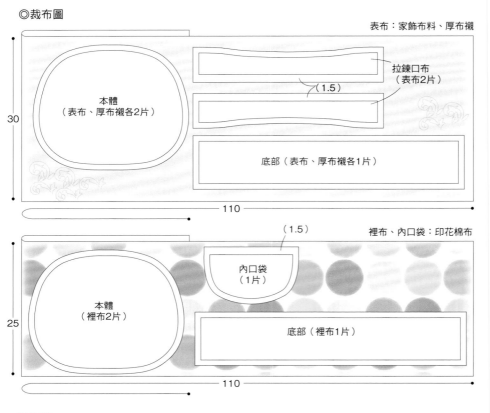

※（　）內的數字為縫份，
　除了指定之外，其餘縫份皆為1cm

※底部需與布料
　縱向或橫向平行裁剪

表布：家飾布料、厚布襯

拉鍊口布
（表布2片）
（1.5）

本體
（表布、厚布襯各2片）

底部（表布、厚布襯各1片）

30

110

裡布、內口袋：印花棉布

內口袋
（1片）
（1.5）

本體
（裡布2片）

底部（裡布1片）

25

110

◎作法

1.製作本體

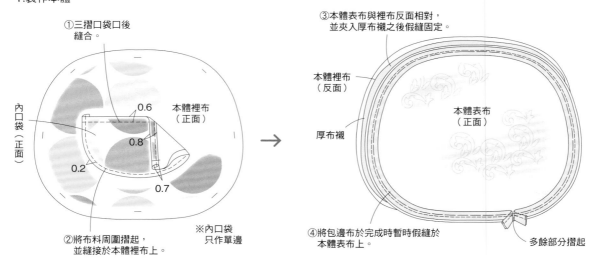

①三摺口袋口後
縫合。

內口袋
（正面）

0.6
0.8
0.2
0.7

本體裡布
（正面）

②將布料周圍摺起，
並縫接於本體裡布上。

※內口袋
只作單邊

③本體表布與裡布反面相對，
並夾入厚布襯之後假縫固定。

本體裡布
（反面）

厚布襯

本體表布
（正面）

④將包邊布於完成時暫時假縫於
本體表布上。

多餘部分摺起

2. 製作底部

①將拉鍊口布接縫拉鍊那側摺起，
並與拉鍊中央對齊後
一起作出褶山。
將拉鍊邊緣處縫合固定於
口布縫份上。

裁剪邊緣
先行收邊。

拉鍊口布
（反面）

拉鍊（反面）

車縫

與褶山對齊。

②從正面車縫固定。
另一邊以相同作法
縫接拉鍊。

0.7

拉鍊口布（正面）

③兩端先車縫固定。

④底部表布與裡布
對齊厚布襯後假縫固定。

底部裡布（正面）

拉鍊口布（正面）

底部表布
（反面）

厚布襯

⑤底部表布與裡布正面相對後，
夾入拉鍊口布，再縫合布料兩端。

拉鍊口布表布
（正面）

⑥翻回正面
並車縫。

⑥

0.5

底部表布（正面）

0.5

底部裡布
（正面）

3. 縫合本體與底部。

①

※拉開拉鍊

①本體表布與底部
表布正面相對後縫合。

本體裡布
（正面）

底部裡布（正面）

②對摺包邊布
包覆縫份收邊。

尾端反摺1cm
重疊。

③從拉鍊開口
翻回正面。

完成

替換拉鍊頭。

縫接提把。

20.5

8

25.5

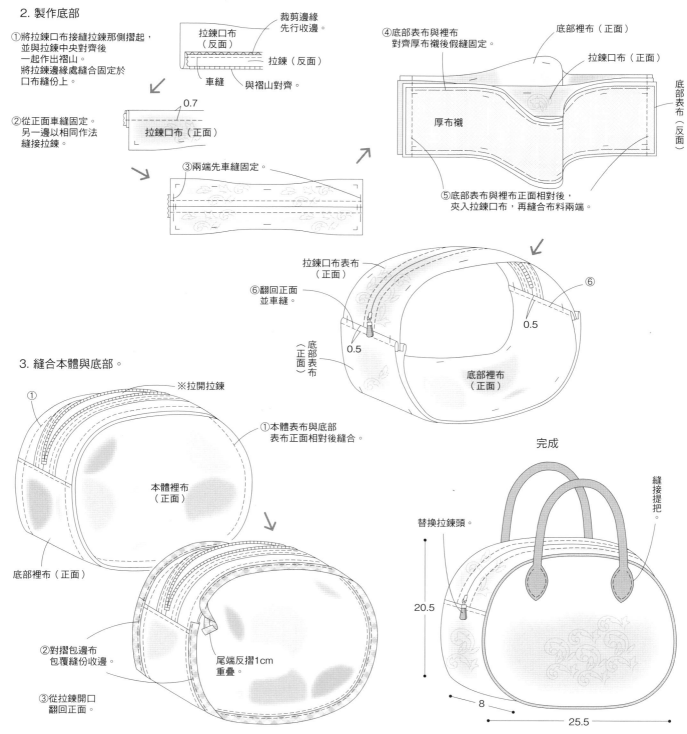

圓形手提袋
P.4作品

紙型 1 面 ［1］
<1-本體、2-底部、3-拉鍊口布>

[材料準備] 本體表布、底部表布、拉鍊口布表布…印花亞麻布45cm×50cm、本體裡布、底部裡布、拉鍊口布裡布…原色亞麻布45cm×50cm、1.8cm寬對摺包邊條130cm、金屬拉鍊30cm（3‧含上下止點）、拉鍊頭1個、長30cm提把1組

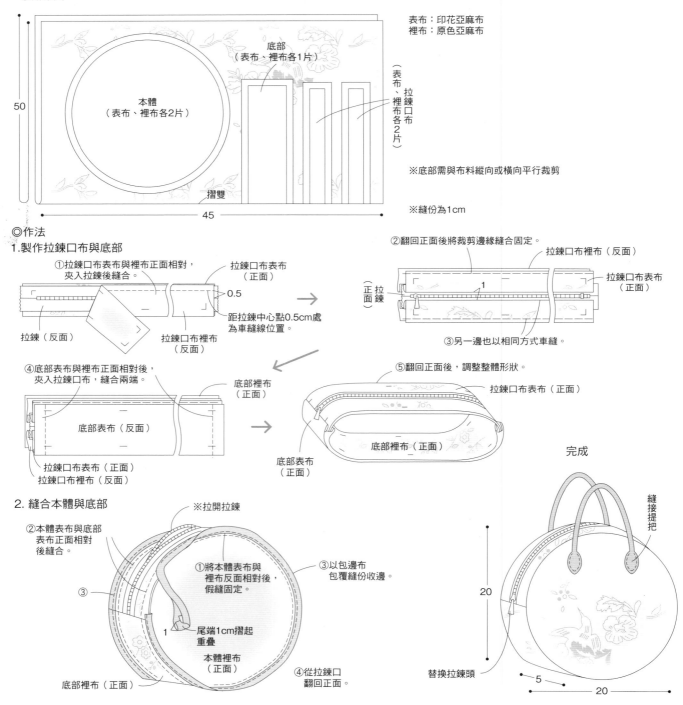

◎裁布圖

表布：印花亞麻布
裡布：原色亞麻布

底部
（表布、裡布各1片）

本體
（表布、裡布各2片）

拉鍊口布
（表布、裡布各2片）

摺雙

50

45

※底部需與布料縱向或橫向平行裁剪

※縫份為1cm

◎作法

1. 製作拉鍊口布與底部

①拉鍊口布表布與裡布正面相對，夾入拉鍊後縫合。

拉鍊口布表布（正面）

0.5

距拉鍊中心點0.5cm處為車縫線位置。

拉鍊（反面）

拉鍊口布裡布（反面）

②翻回正面後將裁剪邊緣縫合固定。

拉鍊口布裡布（反面）

拉鍊口布表布（正面）

正面 拉鍊

1

③另一邊也以相同方式車縫。

④底部表布與裡布正面相對後，夾入拉鍊口布，縫合兩端。

底部裡布（正面）

底部表布（反面）

拉鍊口布表布（正面）
拉鍊口布裡布（反面）

⑤翻回正面後，調整整體形狀。

拉鍊口布表布（正面）

底部裡布（正面）

底部表布（正面）

完成

2. 縫合本體與底部

※拉開拉鍊

②本體表布與底部表布正面相對後縫合。

③

①將本體表布與裡布反面相對後，假縫固定。

③以包邊布包覆縫份收邊。

1

尾端1cm摺起
重疊

本體裡布（正面）

④從拉鍊口翻回正面。

底部裡布（正面）

替換拉鍊頭

縫接提把

20

5

20

圓筒包
P.10作品

[材料準備]　本體、側面、側面口袋…格紋鋪棉布100cm×30cm、3cm寬的織帶150cm（作為提把與拉鍊尾段包邊）、1.8cm寬的對摺包邊條90cm、3cmD形環2個、線圈式拉鍊20cm（3‧含上下止點）1條

◎裁布圖　　　※背帶作法請參考P.61。

上方　　本體（1片）　　下方

30

側面
（2片）

摺雙

（2）

側面
口袋
（2片）

（2.2）

100

※（　）內的數字為縫份，指定以外的縫份為1cm
※本體的直線需與布料縱向與橫向平行地裁剪

◎作法

1. 製作側面

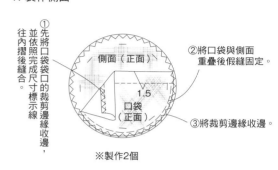

①先將口袋袋口的裁剪邊緣收邊，並依照完成尺寸標示線往內摺後縫合。

②將口袋與側面重疊後假縫固定。

側面（正面）

1.5

口袋（正面）

③將裁剪邊緣收邊。

※製作2個

2. 製作本體

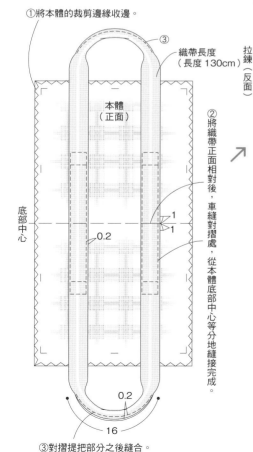

①將本體的裁剪邊緣收邊。

③

織帶長度（長度130cm）

本體（正面）

②將織帶正面相對後，車縫對摺處，從本體底部中心等分地縫接完成。

底部中心

0.2

1
1

0.2

16

③對摺提把部分之後縫合。

④將下方的拉鍊正面相對後縫合。

⑤將縫份摺壓至本體側，車縫固定。

拉鍊（反面）

0.5　　0.2

本體（正面）

拉鍊（正面）

⑥縫接上方的拉鍊（請參考 P.71-1）

2 摺雙

D形環

⑤

織帶（6cm）

摺雙

⑦對摺織帶之後，穿過D形環，假縫固定拉鍊兩端。

3. 縫合本體與側面

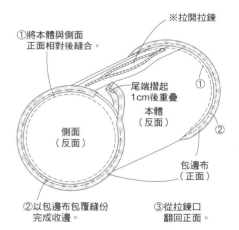

①將本體與側面正面相對後縫合。

※拉開拉鍊

尾端摺起1cm後重疊

本體（反面）

②

側面（反面）

①

②以包邊布包覆縫份完成收邊。

包邊布（正面）

③從拉鍊口翻回正面。

完成

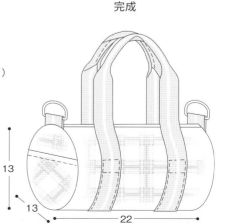

13

13

22

方形手提袋
P.5作品

< 1- 本體前 A、2- 本體前 B、3- 本體前 C、4- 本體前 D、5- 本體前 E、6- 本體前 F、7- 本體後 >

[材料準備] 本體前A、B、E、F、本體後、提把、基底布…亞麻布120cm×45cm、本體前C、D…法國亞麻布
30cm×20cm、金屬拉鍊10cm（3·含上下止點）、14cm（3·含上下止點）各1條、直徑1.5cm磁
釦1組

◎裁布圖

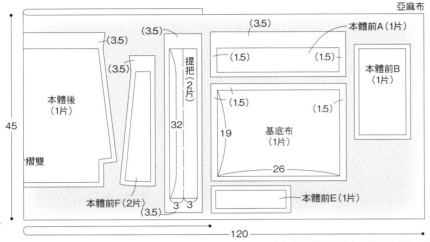

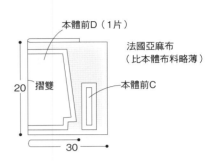

※（ ）內的數字為縫份，
　除了指定之外，其餘縫份為1cm

※基底布與提把無紙型

◎作法

1. 製作前側中央部分

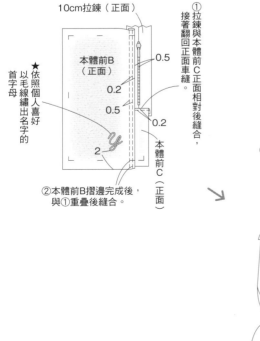

①拉鍊與本體前C正面相對後縫合，
接著翻回正面車縫。

★依照個人喜好
以毛線繡出名字的
首字母

②本體前B摺邊完成後，
與①重疊後縫合。

③口袋袋口摺邊完成後，
將拉鍊中央往外0.5cm處
與袋口摺山部分對齊縫合。

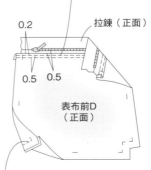

④將底部部分車縫至標記處
（另一邊也以相同方式車縫）

⑤將拉鍊端、本體
前D與基底布
重疊後假縫固定。

⑥本體前E摺邊完成後，
與本體前D重疊並縫合。

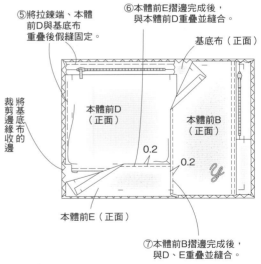

⑦本體前B摺邊完成後，
與D、E重疊並縫合。

2. 製作本體前側

①本體前A摺邊完成後，
　與前側中央部分重疊並縫合。

本體前F（正面）

本體前A（正面）

0.2

1

②本體前F摺邊完成後，與前側中央重疊並縫合。

0.5

0.2

②

本體前F（正面）

先將裁剪邊緣收邊

⑤將本體正面相對並對摺之後，縫合兩脇邊。

⑦袋口摺邊完成後，車縫固定。

3

⑧車縫固定提把。

⑨裝上磁釦。

⑥攤開本體脇邊的縫份，縫合底部部分，最後將縫份收邊。

⑥

⑩翻回正面。

3. 本體前側與後側縫合並收尾

①製作提把。

先摺邊再車縫

摺雙

提把（正面）

0.2

先將裁剪邊緣收邊

②將提把假縫固定於本體（正面）上。

本體後（正面）

1.5

提把

前側（反面）

0.2

③

摺雙

③將本體前側與後側正面相對後縫合底部。接著，兩片縫份一起收邊，並壓摺於後側。

④從正面車縫固定。

完成

24

5

32

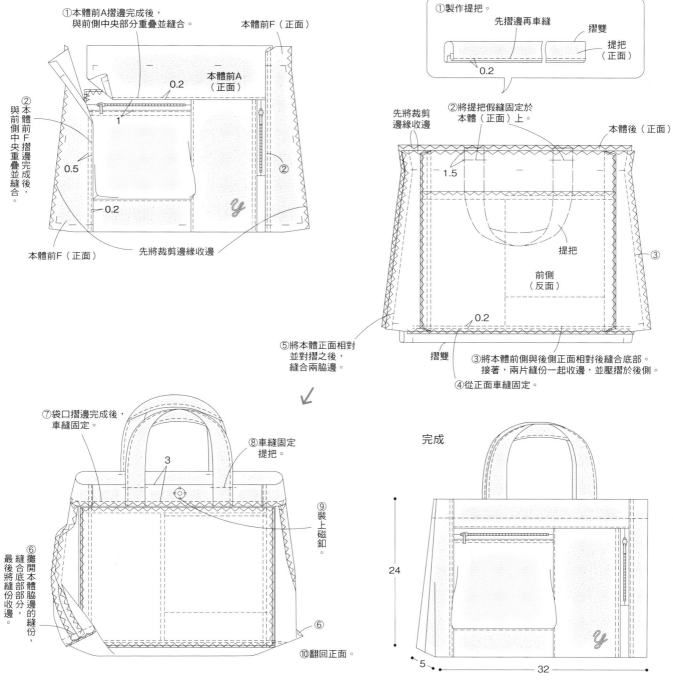

53

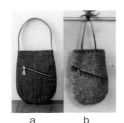

a   b

迷你手提袋 a·b
P.6・P.7作品

紙型1面 ［3］・［4］
＜［3］1-本體、2-底部、［4］1-本體＞

[材料準備]

＜a＞本體表布Ａ・Ｂ、本體表布、口袋底布、底部表布、拉鍊脇邊布、底部貼邊布…丹寧布60cm×40cm、本體裡布、袋布、底部裡布…尼龍布70cm×40cm、2.5cm寬織帶40cm（提把用）、金屬拉鍊12cm（3、含上下止點）、1.8cm寬對摺包邊條120cm、直徑1.3cm壓釦1組　＜b＞本體表布Ａ・Ｂ、本體表布…人造皮草４０ｃｍ×３０ｃｍ、本體裡布、袋布、口袋底布…素色化纖布80cm×30cm、0.6cm寬皮帶70cm（提把用）、施華洛世奇水晶拉鍊15cm（含上下止點）1條

◎裁布圖

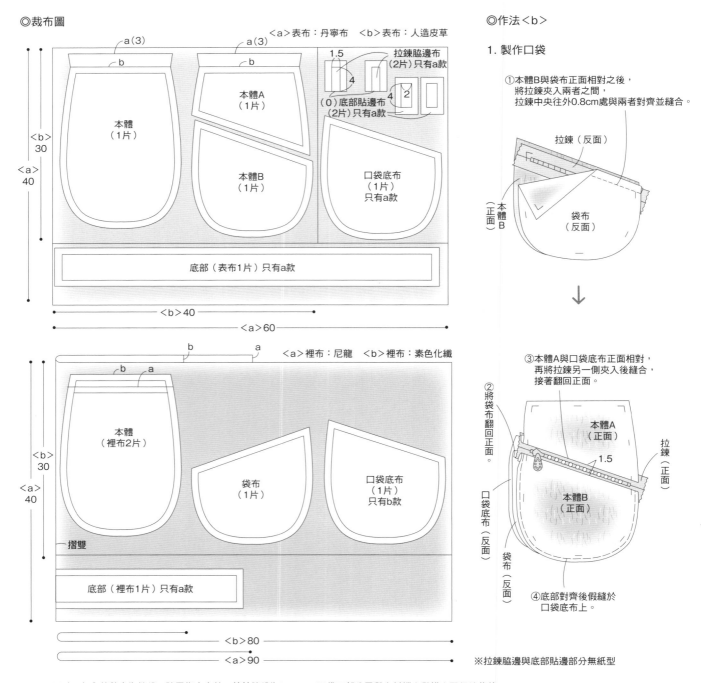

＜a＞表布：丹寧布　＜b＞表布：人造皮草

a(3) b 本體（1片） 本體A（1片） 本體B（1片） 口袋底布（1片）只有a款

1.5 4 拉鍊脇邊布（2片）只有a款 (0)底部貼邊布（2片）只有a款 4 2

底部（表布1片）只有a款

＜b＞30 ＜a＞40 ＜b＞40 ＜a＞60

＜a＞裡布：尼龍　＜b＞裡布：素色化纖

b a 本體（裡布2片） 袋布（1片） 口袋底布（1片）只有b款 摺雙

底部（裡布1片）只有a款

＜b＞30 ＜a＞40 ＜b＞80 ＜a＞90

◎作法＜b＞

1. 製作口袋

①本體B與袋布正面相對之後，將拉鍊夾入兩者之間，拉鍊中央往外0.8cm處與兩者對齊並縫合。

拉鍊（反面） 本體B（正面） 袋布（反面）

↓

③本體A與口袋底布正面相對，再將拉鍊另一側夾入後縫合，接著翻回正面。

②將袋布翻回正面。

本體A（正面） 拉鍊（正面） 1.5 本體B（正面） 口袋底布（反面） 袋布（反面）

④底部對齊後假縫於口袋底布上。

※拉鍊脇邊與底部貼邊部分無紙型

※（ ）內的數字為縫份，除了指定之外，其餘縫份為1cm　※袋口部分需與布料縱向與橫向平行地裁剪

54

2. 縫合本體

①本體表布A、B與本體表布
正面相對後縫合。

本體B表布（正面）

本體表布（反面）

本體A表布（正面）

③將提把假縫於本體表布上。

提把

④本體表布與裡布
正面相對後縫合袋口。

10返口

②本體裡布正面相對，預留返口縫合，同時攤開縫份。

本體裡布（反面）

⑤從返口翻回正面，縫合返口。

完成＜b＞

以星止縫固定縫份

23

16.5

◎作法＜a＞

1.製作口袋，縫合本體

①將拉鍊與拉鍊脇邊布
正面相對後縫合。

拉鍊（正面）

拉鍊脇邊布（正面）

0.2

拉鍊脇邊布（反面）

②翻回正面並車縫固定。

③請參考＜b＞作法縫製口袋。

④車縫固定。0.2

0.2

剪去多餘部分（另一邊亦同）

1.5

本體表布（反面）

本體裡布（正面）

⑤本體表布與裡布正面相對縫合，翻至正面。

⑥假縫固定。

完成＜a＞

2. 製作底部

①底部表布與底部貼邊布正面相對，夾入織帶後縫合。

底部貼邊布（反面）

底部表布（正面）

織帶

②將底部貼邊布翻回正面，與裡布正面相對縫合後，翻回正面。

織帶1.5

③車縫固定。

④假縫固定。

底部表布（反面）

底部裡布（正面）

3. 縫合本體與底部並完成收尾作業

③裝上壓釦。

②以包邊布包覆縫份收邊。

底部裡布（正面）

本體裡布（正面）

①本體與底部正面相對後縫合。

④翻回正面。

23

4

16.5

波士頓包
P.13作品

紙型 2 面［10］
<1-本體、2-口袋、3-底部、4-拉鍊口布、5-口袋側邊、
6-口袋拉鍊下方連接布、7-口袋底部>

[材料準備]　材料：本體、拉鍊口布、底部側邊、口袋、口袋側邊、口袋拉鍊下方連接布、口袋底部…防水布料
100cm×70cm、1.27cm寬對摺包邊條270cm、2.5cm寬織帶100cm（提把用）、樹脂拉鍊60cm
（4・含上下止點）、40cm（4・含上下止點）各1條

◎裁布圖

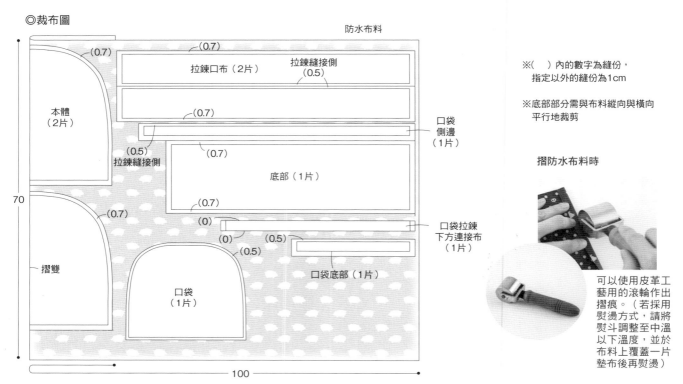

防水布料

拉鍊口布（2片）　拉鍊縫接側
（0.5）
（0.7）　（0.7）

本體
（2片）

口袋
側邊
（1片）

（0.5）
拉鍊縫接側
（0.7）

底部（1片）

（0.7）

（0.7）
（0）
（0.5）
（0）　（0.5）

口袋拉鍊
下方連接布
（1片）

摺雙

口袋
（1片）

口袋底部（1片）

70

100

※（　）內的數字為縫份，
　指定以外的縫份為1cm

※底部部分需與布料縱向與橫向
　平行地裁剪

摺防水布料時

可以使用皮革工
藝用的滾輪作出
摺痕。（若採用
熨燙方式，請將
熨斗調整至中溫
以下溫度，並於
布料上覆蓋一片
墊布後再熨燙）

◎作法

1. 製作口袋

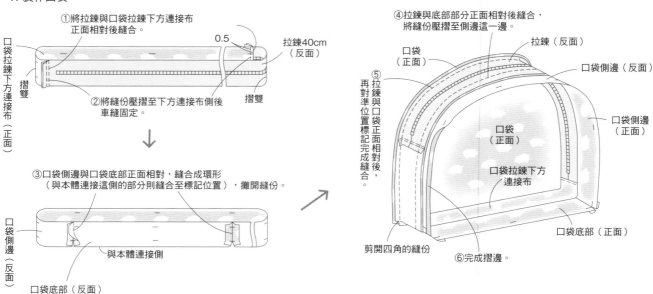

①將拉鍊與口袋拉鍊下方連接布
　正面相對後縫合。
0.5
拉鍊40cm
（反面）

口袋拉鍊下方連接布（正面）

摺雙

②將縫份壓摺至下方連接布側後
　車縫固定。
摺雙

③口袋側邊與口袋底部正面相對，縫合成環形
　（與本體連接這側的部分則縫合至標記位置），攤開縫份。

口袋側邊（反面）

與本體連接側

口袋底部（反面）

④拉鍊與底部部分正面相對後縫合，
　將縫份壓摺至側邊這一邊。

拉鍊（反面）

口袋
（正面）

口袋側邊（反面）

⑤拉鍊與口袋正面相對後，再對準位置標記完成縫合。

口袋
（正面）

口袋側邊
（正面）

口袋拉鍊下方
連接布

口袋底部（正面）

剪開四角的縫份

⑥完成摺邊。

⑦將口袋翻回正面，並縫接於本體上。

步驟⑥的摺山部分

0.2

本體（正面）

口袋（正面）

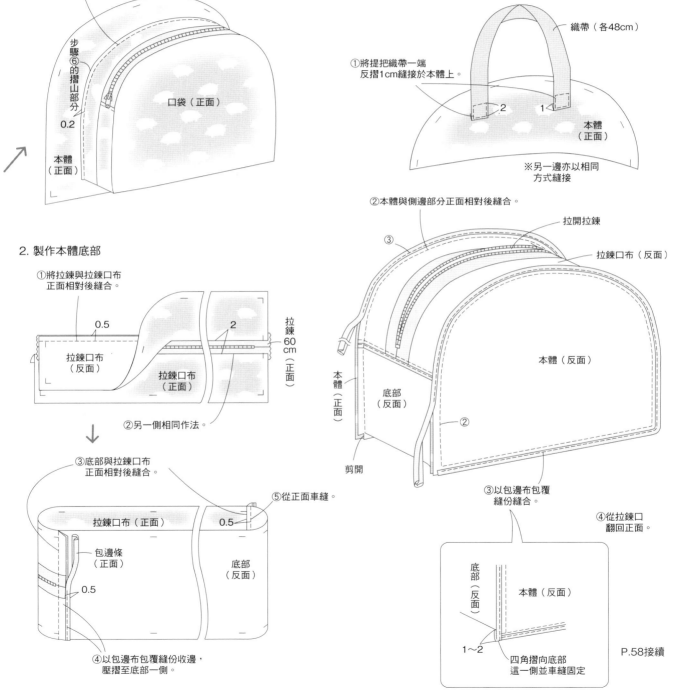

3. 縫合本體與底部並完成收尾作業

①將提把織帶一端
反摺1cm縫接於本體上。

織帶（各48cm）

2　　1

本體（正面）

※另一邊亦以相同
方式縫接

②本體與側邊部分正面相對後縫合。

③

拉開拉鍊

拉鍊口布（反面）

本體（正面）

本體（反面）

剪開

底部（反面）

②

③以包邊布包覆
縫份縫合。

④從拉鍊口
翻回正面。

2. 製作本體底部

①將拉鍊與拉鍊口布
正面相對後縫合。

0.5

拉鍊口布（反面）

2

拉鍊口布（正面）

拉鍊60cm（正面）

②另一側相同作法。

③底部與拉鍊口布
正面相對後縫合。

⑤從正面車縫。

拉鍊口布（正面）

0.5

包邊條（正面）

0.5

底部（反面）

④以包邊布包覆縫份收邊，
壓摺至底部一側。

底部（反面）

本體（反面）

1～2

四角摺向底部
這一側並車縫固定

P.58接續

接續P.57

完成

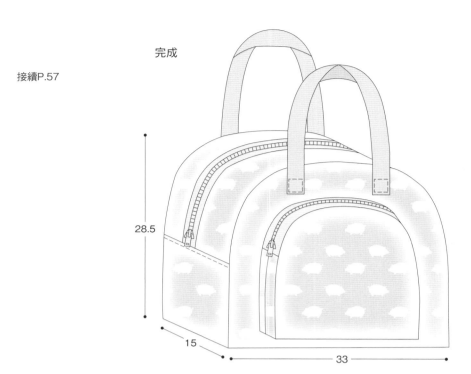

28.5

15

33

a　b

斜背包 a・b
P.8・P.9作品

紙型1面［5］・［6］
<1-本體、2-拉鍊裝飾布>

[材料準備]   <a>本體、拉鍊裝飾布…圓點圖案鋪棉布60cm×90cm、線圈式樹脂拉鍊40cm（25・含上下止點）1條、<b>本體、拉鍊裝飾布…條紋圖案軟丹寧布60cm×90cm、樹脂拉鍊40cm（4・含上下止點）1條　<共同>2.5cm寬織帶125cm、2.5cm釦環、2.5cmD形環、2.5cm日形環各1個

◎裁布圖

<a>圓點圖案鋪棉布
<b>條紋圖案軟丹寧布

90

本體
（1片）

摺雙

60

拉鍊裝飾布
（4片）

※縫份為1cm
※<b>的作法與<a>相同

◎作法

1. 製作拉鍊裝飾布

①先將拉鍊裝飾布的上下裁剪邊緣摺起。

（正面）

（反面）

拉鍊裝飾布

②將2片正面相對後縫合兩脇邊。

③翻回正面。

※製作2個

④對摺織帶（7cm）後穿過D形環。

摺雙

1
2

拉鍊裝飾布
（正面）

⑤夾入步驟④的部分之後縫合。

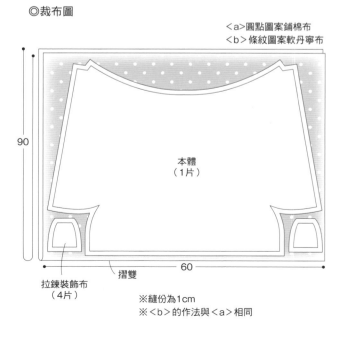

釦環

⑥將織帶（116cm）穿過日形環與釦環後縫合固定。

⑦織帶另一端同樣插入拉鍊裝飾布後縫合。

日形環

1
4

拉鍊裝飾布
（正面）

2. 製作本體

①將袋口裁剪端收邊，與拉鍊中央往外1.5cm位置對齊後縫合，縫份壓摺至本體這側，再從正面車縫固定。

拉鍊
（正面）

0.3   1.5

本體
（正面）

②另一片本體亦以相同方式縫製。

③將脇邊正面相對後縫合，再把兩片的縫份一起收邊。

（正面）

※拉開拉鍊

本體（反面）

④底部正面相對後縫合，兩片縫份一起收邊，再壓摺至一側車縫固定。

⑤脇邊與底部對齊後縫合側底部分，再將兩片縫份一起收邊（另一邊亦以相同方式縫製）。

< 作品b的拉鍊縫接尺寸 >

同a款方式縫接拉鍊

拉鍊
（正面）

0.2   0.8

⑤翻回正面並將兩邊側邊部分反面相對之後縫合。

本體（正面）

0.5

拉鍊裝飾布

拉鍊裝飾布

0.2

⑥將縫份夾入拉鍊裝飾布中縫合。

完成

約30

20

40

皺褶圓筒包
P.11作品

紙型 1 面 ［8］
<1-本體、2-側面>

[材料準備]　本體、側面…棉布110cm×25cm、厚布襯30cm×20cm、1.8cm寬對摺包邊條100cm、3cm寬織帶140cm（提把用）、樹脂拉鍊22cm 1條、3cm方形環2個、3cm日形環2個

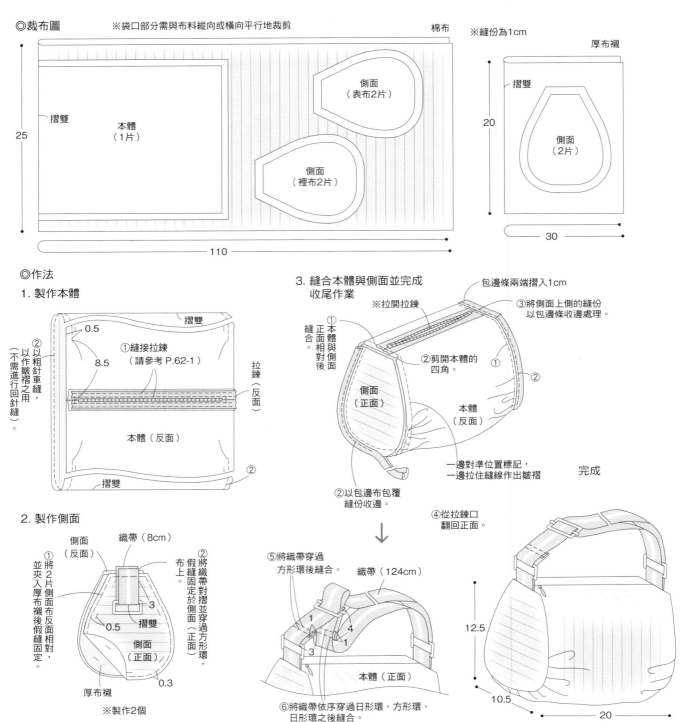

◎裁布圖　　※袋口部分需與布料縱向或橫向平行地裁剪

棉布

本體
（1片）

側面
（表布2片）

側面
（裡布2片）

25

摺雙

110

※縫份為1cm

厚布襯

摺雙

側面
（2片）

20

30

◎作法

1. 製作本體

摺雙

0.5

8.5

①縫接拉鍊
（請參考 P.62-1）

拉鍊
（反面）

本體（反面）

②以粗針車縫，以作皺褶之用（不需進行回針縫）。

摺雙

②

3. 縫合本體與側面並完成收尾作業

包邊條兩端摺入1cm

※拉開拉鍊

①本體與側面正面相對後縫合。

③將側面上側的縫份以包邊條收邊處理。

②剪開本體的四角。

側面
（正面）

本體
（反面）

①

②

一邊對準位置標記，一邊拉住縫線作出皺褶

②以包邊布包覆縫份收邊。

完成

④從拉鍊口翻回正面。

2. 製作側面

織帶（8cm）

側面
（反面）

①將2片側面布反面相對，並夾入厚布襯後假縫固定。

②將織帶對摺並穿過方形環，假縫固定於側面（正面）布上。

3

0.5

摺雙

側面
（正面）

0.3

厚布襯

※製作2個

⑤將織帶穿過方形環後縫合。

織帶（124cm）

1

4

1

3

本體（正面）

⑥將織帶依序穿過日形環、方形環、日形環之後縫合。

12.5

10.5

20

60

扁平斜背包
P.15作品

紙型 2 面 ［11］
<1-本體A、2-本體B、3-口袋>

[材料準備]　本體A、B、口袋…棉布110cm×30cm、印花圖案拉鍊20cm（含上下止點）2條、2cm釦環2個、2cm日形環2個、2cm寬織帶120cm

◎裁布圖

※直線部分需與布料縱向或橫向平行地裁剪　　吊耳（4片）

摺雙

本體A（1片）　　本體B（1片）　　口袋（1片）

30

（0）
6＝3.5
（2）

110

※（　）內的數字為縫份，指定以外的縫份皆為1cm

◎吊耳作法

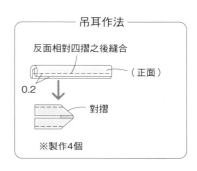

反面相對四摺之後縫合

（正面）

0.2

對摺

※製作4個

◎作法

1. 將口袋縫接在本體A上

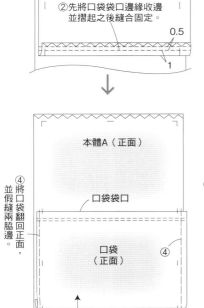

①將本體A的裁剪邊緣收邊

本體A（正面）

0.2　口袋底位置

口袋（反面）

③本體A與口袋正面相對後縫合。

②先將口袋袋口邊緣收邊並摺起之後縫合固定。

0.5
1

本體A（正面）

口袋袋口

口袋（正面）

④

④將口袋翻回正面，並假縫兩脇邊。

③

2. 縫合本體並完成收尾作業

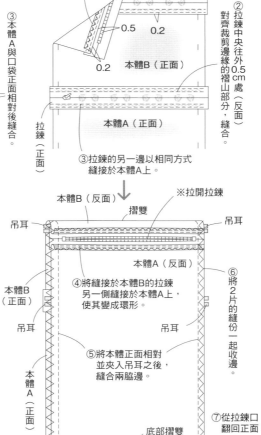

①將本體B的裁剪邊緣收邊並摺起。

拉鍊（正面）

0.5　0.2

0.2

本體B（正面）

②拉鍊中央往外0.5cm處對齊裁剪邊緣的褶山部分（反面），縫合。

拉鍊（正面）

本體A（正面）

③拉鍊的另一邊以相同方式縫接於本體A上。

本體B（反面）

摺雙

※拉開拉鍊

吊耳　　　　　　　吊耳

本體A（反面）

本體B（正面）

吊耳　　　　　　　吊耳

④將縫接於本體B的拉鍊另一側縫接於本體A上，使其變成環形。

⑤將本體正面相對並夾入吊耳之後，縫合兩脇邊。

⑥將2片的縫份一起收邊。

⑦從拉鍊口翻回正面。

本體A（正面）

底部摺雙

3. 製作背帶

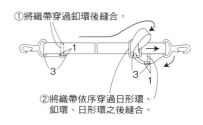

①將織帶穿過釦環後縫合。

3　　　1　　　3　1

②將織帶依序穿過日形環、釦環、日形環之後縫合。

完成

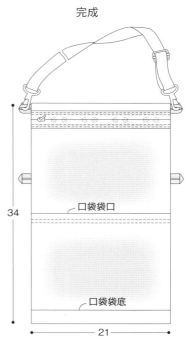

34

口袋袋口

口袋袋底

21

化妝包
P.20作品

紙型 2 面［12］
<1- 本體、2-拉鍊口布、3-底部>

[材料準備]　本體、底部、拉鍊口布…立體緹花布80cm×15cm、1.27cm寬對摺包邊條100cm、樹脂拉鍊22cm 1條

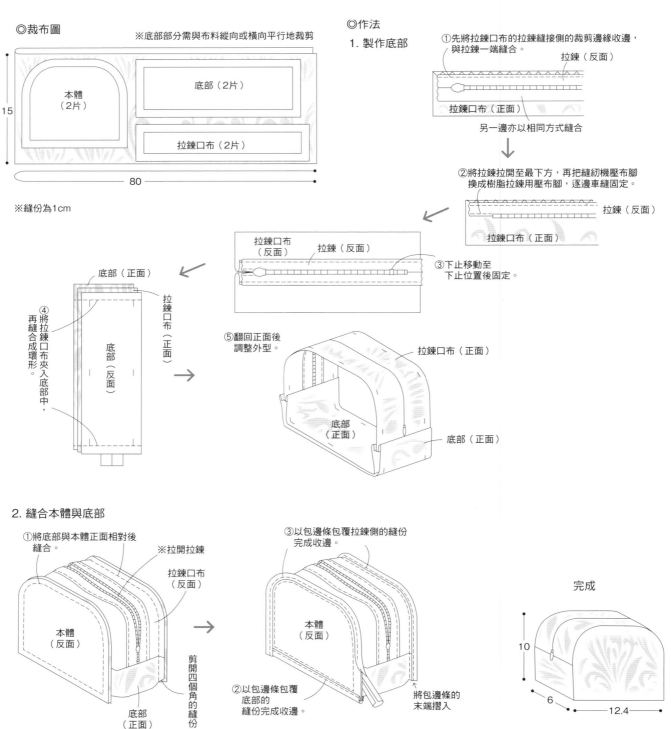

◎裁布圖
※底部部分需與布料縱向或橫向平行地裁剪

本體
（2片）

底部（2片）

拉鍊口布（2片）

15

80

※縫份為1cm

◎作法
1. 製作底部

①先將拉鍊口布的拉鍊縫接側的裁剪邊緣收邊，與拉鍊一端縫合。

拉鍊（反面）

拉鍊口布（正面）

另一邊亦以相同方式縫合

②將拉鍊拉開至最下方，再把縫紉機壓布腳換成樹脂拉鍊用壓布腳，逐邊車縫固定。

拉鍊（反面）

拉鍊口布（正面）

拉鍊口布（反面）　拉鍊（反面）

③下止移動至下止位置後固定。

底部（正面）

拉鍊口布（正面）

④將拉鍊口布夾入底部中，再縫合成環形。

底部（反面）

⑤翻回正面後調整外型。

拉鍊口布（正面）

底部（正面）

底部（正面）

2. 縫合本體與底部

①將底部與本體正面相對後縫合。

※拉開拉鍊

拉鍊口布（反面）

本體（反面）

底部（正面）

剪開四個角的縫份

③以包邊條包覆拉鍊側的縫份完成收邊。

本體（反面）

②以包邊條包覆底部的縫份完成收邊。

將包邊條的末端摺入

完成

10

6

12.4

62

圓形化妝包
P.21作品

<1-本體、2-底部、3-拉鍊口布>

[材料準備]　本體、底部、拉鍊口布…薄丹寧印花布80cm×25cm、蕾絲拉鍊35cm（雙頭式）1條、1.8cm寬對摺包邊條90cm、厚布襯35cm×20cm

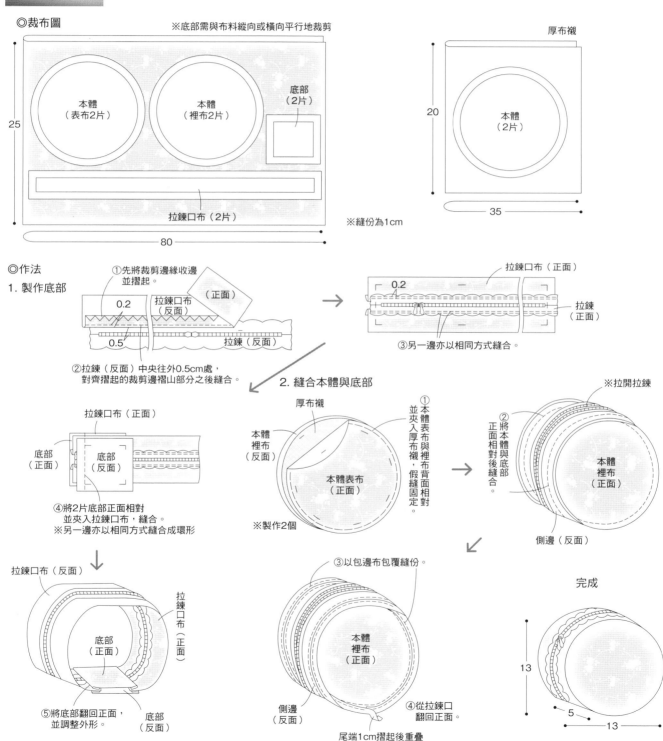

◎裁布圖　　　　　　　　　※底部需與布料縱向或橫向平行地裁剪

厚布襯

本體
（表布2片）

本體
（裡布2片）

底部
（2片）

25

本體
（2片）

20

拉鍊口布（2片）

80

35

※縫份為1cm

◎作法

1. 製作底部

①先將裁剪邊緣收邊並摺起

0.2

拉鍊口布
（反面）

（正面）

0.5

拉鍊（反面）

②拉鍊（反面）中央往外0.5cm處，對齊摺起的裁剪邊摺山部分之後縫合。

拉鍊口布（正面）

0.2

拉鍊
（正面）

③另一邊亦以相同方式縫合。

2. 縫合本體與底部

拉鍊口布（正面）

底部
（正面）

底部
（反面）

④將2片底部正面相對並夾入拉鍊口布，縫合。
※另一邊亦以相同方式縫合成環形

拉鍊口布（反面）

拉鍊口布
（正面）

底部
（正面）

⑤將底部翻回正面，並調整外形。

底部
（反面）

厚布襯

本體
裡布
（反面）

本體表布
（正面）

※製作2個

①本體表布與裡布背面相對並夾入厚布襯，假縫固定。

※拉開拉鍊

②將本體與底部正面相對後縫合。

本體
裡布
（正面）

側邊（反面）

③以包邊布包覆縫份。

本體
裡布
（正面）

側邊
（反面）

④從拉鍊口翻回正面。

尾端1cm摺起後重疊

完成

13

5

13

迷你收納包
P.22作品

<1-本體、2-拉鍊口布、3-底部>

[材料準備]　本體、底部、拉鍊口布…鍍膜加工處理布料60cm×15cm、樹脂拉鍊12cm（3・含上下止點）

◎裁布圖

※底部部分需與布料的縱向或橫向平行地裁剪

摺雙　（0.7）　　　（0.7）

底部（1片）

本體
（2片）

（0.7）

拉鍊口布（2片）

15

（0.7）　　　　（0.7）

60

※（　）內的數字為縫份，
　指定以外的縫份皆為1cm

◎作法

1. 製作底部

①將拉鍊與拉鍊口布邊緣正面相對並縫合。

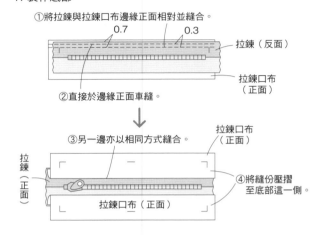

0.7　　　0.3　　　拉鍊（反面）

②直接於邊緣正面車縫。　　拉鍊口布（正面）

③另一邊亦以相同方式縫合。　　拉鍊口布（正面）

拉鍊（正面）

拉鍊口布（正面）

④將縫份壓摺至底部這一側。

③底部與拉鍊口布正面相對後縫合成環形。

拉鍊口布（正面）

底部（反面）

③將縫份壓摺至底部這一側並車縫固定。

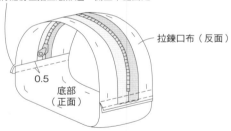

拉鍊口布（反面）

0.5

底部（正面）

2. 縫合本體與底部

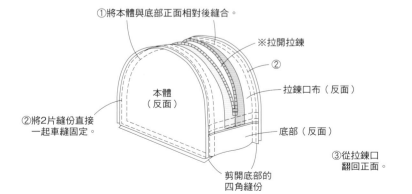

①將本體與底部正面相對後縫合。

※拉開拉鍊

②

本體（反面）

拉鍊口布（反面）

②將2片縫份直接一起車縫固定。

底部（反面）

③從拉鍊口翻回正面。

剪開底部的四角縫份

完成

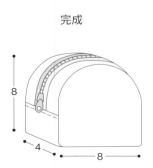

8

4　　8

L形開口收納包
P.26作品

[材料準備]　本體…亞麻布60cm×20cm、蕾絲拉鍊35cm（雙頭式）1條

◎裁布圖

※直線部分需與布料縱向或橫向平行地裁剪

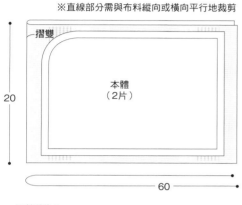

※縫份為1cm

◎作法

②先將本體邊緣摺起，
摺山部分再與拉鍊中央
往外0.5cm處對齊，縫合。

①將本體四邊裁剪邊緣收邊。

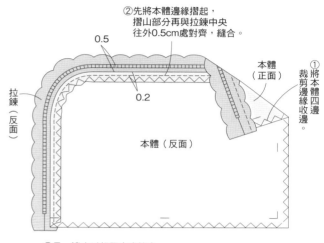

③另一邊亦以相同方式縫合。

④2片本體正面相對後縫合脇邊與底部。

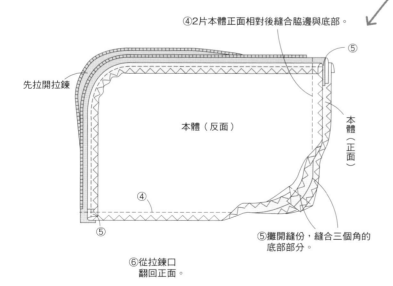

先拉開拉鍊

⑤攤開縫份，縫合三個角的底部部分。

⑥從拉鍊口翻回正面。

完成

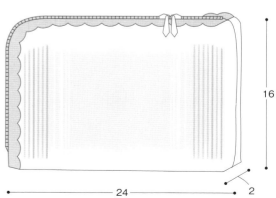

扁平收納包 b
P.27作品

[材料準備]　本體…法國亞麻布25cm×45cm、線圈式拉鍊20cm（3・碼裝）1條

◎裁布圖　　※收納包袋口部分需與布料的
　　　　　　　縱向或橫向平行地裁剪。

本體
（1片）　16

38　　　3

45

16

16

25

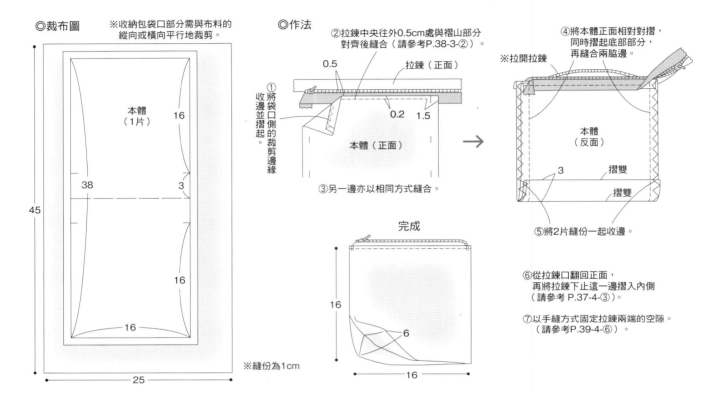

◎作法

①將袋口側的裁剪邊緣收邊並摺起。

②拉鍊中央往外0.5cm處與褶山部分對齊後縫合（請參考P.38-3-②）。

0.5　　　拉鍊（正面）

0.2　1.5

本體（正面）

③另一邊亦以相同方式縫合。

④將本體正面相對對摺，同時摺起底部部分，再縫合兩脇邊。

※拉開拉鍊

本體
（反面）

3　　摺雙
　　　摺雙

⑤將2片縫份一起收邊。

⑥從拉鍊口翻回正面，再將拉鍊下止這一邊摺入內側（請參考 P.37-4-③）。

⑦以手縫方式固定拉鍊兩端的空隙。（請參考P.39-4-⑥）。

完成

16

6

16

※縫份為1cm

梯形收納包
P.28作品

[材料準備]　本體…法國亞麻布40cm×20cm、線圈式拉鍊20cm（3・含上下止點）1條

◎裁布圖

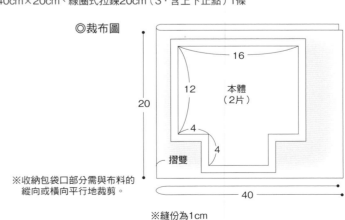

16

12　　本體
　　　（2片）

20

4

4

摺雙

40

※收納包袋口部分需與布料的
　縱向或橫向平行地裁剪。

※縫份為1cm

立體三角形收納包 b

P.29作品

無紙型

[材料準備]　本體…法國亞麻布50cm×45cm、印花拉鍊20cm（雙頭式）1條

◎裁布圖　※收納包袋口部分需與布料的縱向或橫向平行地裁剪

16
45
16
本體（1片）
摺雙
50

斜紋布（裁剪2片）
20
3.5

※（ ）內的數字為縫份，除了指定之外，其餘縫份皆為1cm

③另一邊則將拉鍊移往中央處與底部縫合。

④以包邊條包覆縫份收邊（請參考P.68-3-②）。

④

使用「18mm tape maker」製作包邊條

◎作法

①縫接拉鍊（請參考P.63-1）。
0.5
0.2
本體（正面）
拉鍊（正面）

②將本體正面相對後對摺，再縫合單側脇邊。
（反面）
本體（正面）
底部摺雙線

完成
17
17

◎作法

①將拉鍊縫接於本體上（請參考P.36-3-②）
※先拉開拉鍊
本體（反面）
②2片本體正面相對後縫合兩脇邊與底部。
②
本體（正面）
③將2片縫份一起收邊。

本體（反面）
④將兩邊縫份各自摺往不同方向，再車縫底部分使其固定，之後將2片縫份一起收邊。

⑤從拉鍊口翻回正面

完成
12
8
16

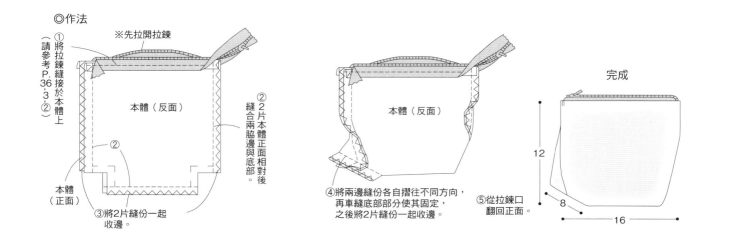

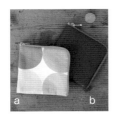
a　b

L形開口零錢包 a・b
P.30作品

[材料準備]　＜a＞本體表布…印花棉布30cm×15cm、本體裡布、內口袋…素色棉麻布45cm×15cm、1.27cm寬對摺包
邊條30cm、線圈式拉鍊20cm（3・含上下止點）1條　＜b＞本體表布…合成皮革30cm×15cm、本體裡
布…印花棉布30cm×15cm、1.27cm寬對摺包邊條15cm、金屬拉鍊20cm（3・含上下止點）1條

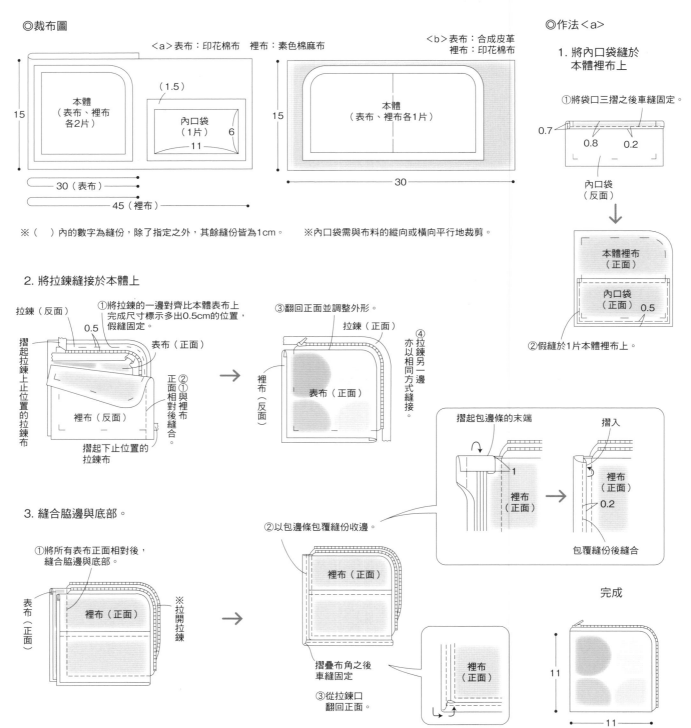

◎裁布圖

＜a＞表布：印花棉布　裡布：素色棉麻布

本體
（表布、裡布
各2片）

（1.5）

內口袋
（1片）

15

11

6

30（表布）

45（裡布）

＜b＞表布：合成皮革
裡布：印花棉布

本體
（表布、裡布各1片）

15

30

※（　）內的數字為縫份，除了指定之外，其餘縫份皆為1cm。　※內口袋需與布料的縱向或橫向平行地裁剪。

◎作法＜a＞

1. 將內口袋縫於
   本體裡布上

①將袋口三摺之後車縫固定。

0.7
0.8　0.2

內口袋
（反面）

本體裡布
（正面）

內口袋
（正面）　0.5

②假縫於1片本體裡布上。

2. 將拉鍊縫接於本體上

拉鍊（反面）

摺起拉鍊上止位置的拉鍊布

①將拉鍊的一邊對齊比本體表布上
完成尺寸標示多出0.5cm的位置，
假縫固定。

0.5

表布（正面）

②①與裡布
正面相對後縫合。

裡布（反面）

摺起下止位置的
拉鍊布

③翻回正面並調整外形。

拉鍊（正面）

表布（正面）

裡布
（反面）

④拉鍊另一邊亦以相同方式縫接。

摺起包邊條的末端

摺入

裡布
（正面）

1

裡布
（正面）　0.2

包覆縫份後縫合

②以包邊條包覆縫份收邊。

3. 縫合脇邊與底部。

①將所有表布正面相對後，
縫合脇邊與底部。

表布
（正面）

裡布（正面）

※拉開拉鍊

裡布（正面）

摺疊布角之後
車縫固定

裡布
（正面）

③從拉鍊口
翻回正面。

完成

11

11

◎作法＜b＞

1. 將拉鍊縫接於本體上

摺起拉鍊上止位置的拉鍊布

中心

①拉開拉鍊，將拉鍊的一邊對齊
比本體表布上完成尺寸標示多出
0.5cm的位置，假縫固定。

②將裡布正面相對後縫合，
翻回正面並調整外形。

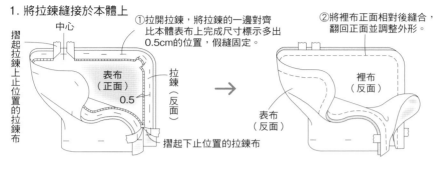

表布
（正面）
0.5

拉鍊
（反面）

摺起下止位置的拉鍊布

裡布
（反面）

表布
（反面）

2. 將所有表布正面相對之後
縫合底部。

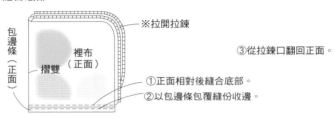

包邊條（正面）

摺雙

裡布
（正面）

※拉開拉鍊

③從拉鍊口翻回正面。

①正面相對後縫合底部。
②以包邊條包覆縫份收邊。

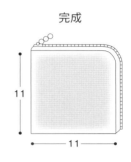

完成

11

11

L形開口收納夾
P.31作品

紙型 2 面 ［20］
<1-本體>

[材料準備]　本體表布…印花棉布50cm×15cm、本體裡布、內口袋…素色棉麻布…75cm×15cm、1.27cm寬對摺包邊條40cm、線圈式拉鍊30cm（3‧含上下止點）1條、麻繩適量

◎裁布圖

表布：印花棉布　裡布：素色棉麻布

15

本體
（表布、裡布各2片）

(1.5)

內口袋（1片）

6

21

50（表布）

75（裡布）

※（　）內的數字為縫份，
　除了指定之外，其餘縫份皆為1cm

※內口袋需與布料的縱向或橫向平行地裁剪

完成

拆下拉鍊原有的拉鍊頭，
將三股編麻繩穿過拉鍊頭
作為拉環。

11

20

◎作法

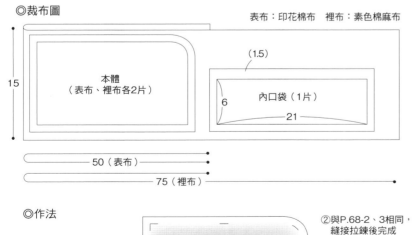

①將內口袋縫於
本體裡布上
（請參考 P.68-1）
再直接車縫中央線，
作成隔層。

本體裡布（正面）

內口袋
（正面）

②與P.68-2、3相同，
縫接拉鍊後完成
收尾作業。

筆袋（有底設計）
P.32作品

紙型 2 面 ［21］
<1-本體>

[材料準備]　本體…鍍膜加工處理布料60cm×15cm、金屬拉鍊17cm（3・含上下止點）1條

◎裁布圖

摺雙

15

本體
（2片）

60

※直線部分需與布料的縱向或橫向平行地裁剪

※將有加工處理的那面作為內側

※縫份為1cm

摺鍍膜加工處理布料時

可以使用皮革工藝用的滾輪作出摺痕。（若使用熨燙方式，請將熨斗調整至中溫以下溫度，並於布料上覆蓋一片墊布後再熨燙）

◎作法

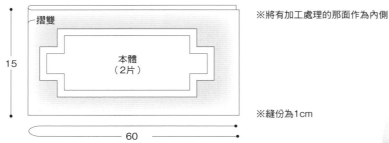

①先將裁剪邊緣摺起。

②將褶山部分與拉鍊往外0.5cm處對齊後縫合。

本體（正面）

0.2　0.5　　0.5

拉鍊（正面）

0.5

本體（正面）

③另一邊亦以相同方式縫接拉鍊。

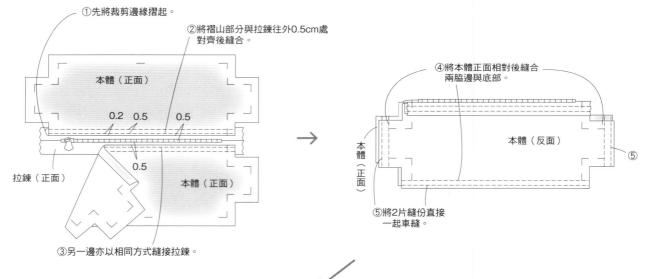

④將本體正面相對後縫合兩脇邊與底部。

本體（正面）

本體（反面）

⑤

⑤將2片縫份直接一起車縫。

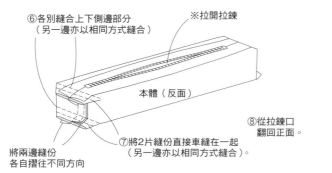

⑥各別縫合上下側邊部分
（另一邊亦以相同方式縫合）

※拉開拉鍊

本體（反面）

將兩邊縫份各自摺往不同方向

⑦將2片縫份直接車縫在一起
（另一邊亦以相同方式縫合）。

⑧從拉鍊口翻回正面。

完成

3

5

18

筆袋（無底設計）
P.32作品

紙型 2 面 ［22］
<1-本體A、2-本體B>

[材料準備]　本體A、本體B…鍍膜加工處理布料45cm×15cm、線圈式拉鍊20cm（3・含上下止點）1條

◎裁布圖

※將有鍍膜加工處理的那面作為內側

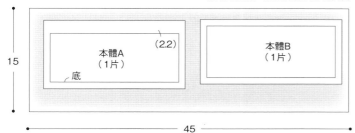

本體A
（1片）
(2.2)
底

本體B
（1片）

15

45

※直線部分需與布料的縱向或橫向平行地裁剪

※（　）內的數字為縫份，
　除了指定之外，其餘縫份皆為1cm

◎作法

1. 縫接拉鍊

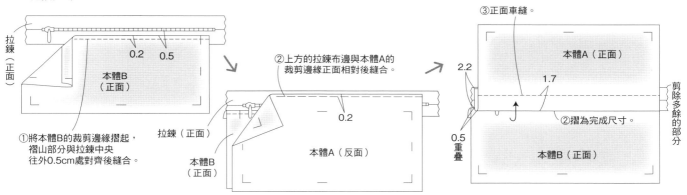

拉鍊（正面）

0.2　0.5

本體B
（正面）

①將本體B的裁剪邊緣摺起，
褶山部分與拉鍊中央
往外0.5cm處對齊後縫合。

②上方的拉鍊布邊與本體A的
裁剪邊緣正面相對後縫合。

0.2

拉鍊（正面）

本體B
（正面）

本體A（反面）

③正面車縫。

本體A（正面）

2.2
1.7

0.5
重疊

②摺為完成尺寸。

本體B（正面）

剪除多餘的部分

2. 縫合本體並完成收尾作業

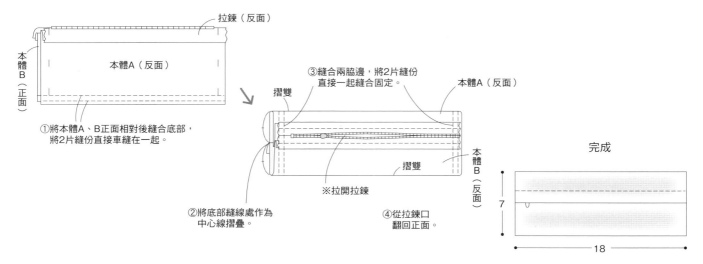

拉鍊（反面）

本體B
（正面）

本體A（反面）

①將本體A、B正面相對後縫合底部，
將2片縫份直接車縫在一起。

摺雙

③縫合兩脇邊，將2片縫份
直接一起縫合固定。

本體A（反面）

本體B
（反面）

※拉開拉鍊

摺雙

②將底部縫線處作為
中心線摺疊。

④從拉鍊口
翻回正面。

完成

7

18

◎Fun手作 86

第一次！
學會縫拉鍊作布包

27 款手作包×布小物 FOR 新手の布作小練習（暢銷版）

作　　　者／水野佳子
譯　　　者／徐淑娟
發　行　人／詹慶和
總　編　輯／蔡麗玲
執　行　編　輯／黃璟安
編　　　輯／蔡毓玲・劉蕙寧・陳姿伶・李宛真・陳昕儀
執 行 美 編／周盈汝
美　術　編　輯／陳麗娜・韓欣恬
出　版　者／雅書堂文化事業有限公司
發　行　者／雅書堂文化事業有限公司
郵政劃撥帳號／18225950
戶　　　名／雅書堂文化事業有限公司
地　　　址／新北市板橋區板新路 206 號 3 樓
電　　　話／(02)8952-4078
傳　　　真／(02)8952-4084
網　　　址／www.elegantbooks.com.tw
電 子 信 箱／elegant.books@msa.hinet.net

2019 年 5 月二版一刷　定價 350 元

FASTENER DE TANOSHIMU BAG TO KOMONO
Copyright ©2013 Yoshiko Mizuno/NIHON VOGUE-SHA
All rights reserved.
Photographers：Yukari Shirai
Original Japanese edition published in Japan by Nihon Vogue Co., Ltd.
Traditional Chinese translation rights arranged with Nihon Vogue Co., Ltd.
through Keio Cultural Enterprise Co., Ltd.
Traditional Chinese edition Copyright © 2019 by Elegant Books Cultural
Enterprise Co., Ltd.

總經銷／易可數位行銷股份有限公司
地址／新北市新店區寶橋路 235 巷 6 弄 3 號 5 樓
電話／(02)8911-0825
傳真／(02)8911-0801

國家圖書館出版品預行編目資料

第一次學會縫拉鍊作布包：27 款手作包 x 布
小物 FOR 新手の布作小練習 / 水野佳子著；
徐淑娟譯 . -- 二版 . -- 新北市：雅書堂文化，
2019.05
　面；　公分 . -- (Fun 手作；86)
ISBN 978-986-302-490-3(平裝)
1. 手提袋 2. 手工藝

426.7　　　　　　　　　　　　　108005939

協助／
Clover 株式會社
〒 537-0025 大阪府大阪市東成區中道 3-15-5
tel. 06-6978-2277（客服部）

日文原書團隊　STAFF

書籍設計／大石妙子（Bee Works）
攝影／白井由香里
作法解說／鈴木愛子
製圖／白井麻衣
編輯／斎藤あつこ・荒木嘉美

Zipper bags